睁大眼睛看世界

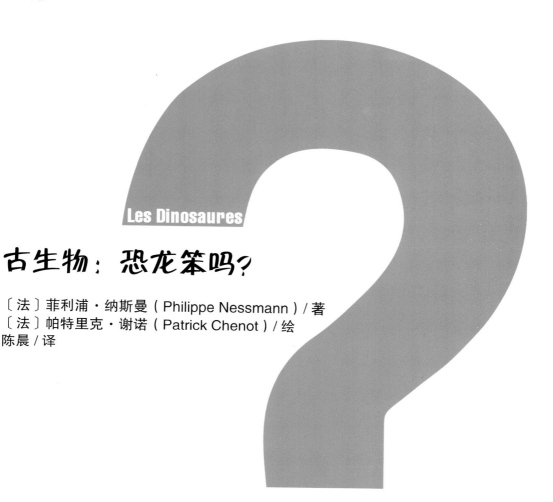

Les Dinosaures

古生物：恐龙笨吗？

〔法〕菲利浦·纳斯曼（Philippe Nessmann）/ 著
〔法〕帕特里克·谢诺（Patrick Chenot）/ 绘
陈晨 / 译

北京日报出版社

目 录

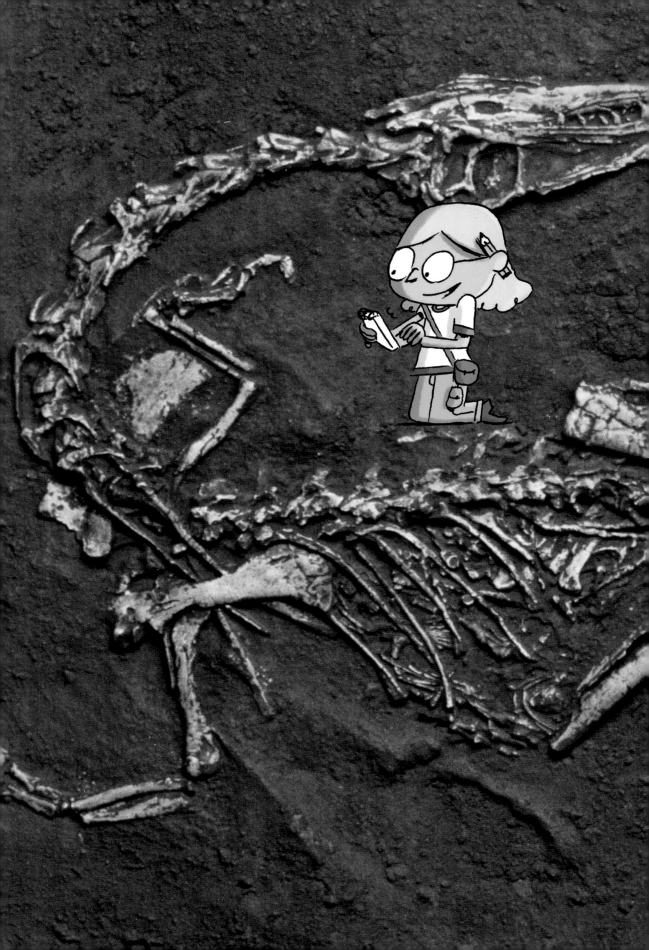

了解恐龙

  6500 万年前，最后一批恐龙灭绝了。恐龙消失 6000 万年之后，最早的人类开始在地球上出现。既然如此，我们又如何能确定恐龙真的在地球上存在过呢？我们从来没有见过它们，又如何知道恐龙长什么样子呢？

这是 1854 年人们想象出的恐龙的样子，一种介于鳄鱼和河马之间的生物！要知道，当时科学家只是获得了很少的几块恐龙牙齿和骨骼化石，要想象出它们的样子是很难的。

恐龙的诞生

一个下巴……

1824 年，英国古生物学家威廉·巴克兰在剑桥大学附近发现了一块动物的下颚化石。他猜测这应该是一只巨型蜥蜴的下巴，并用希腊语里的"大蜥蜴"一词为其命名。

……和一些牙齿

同一时期，英国医生吉迪恩·曼特尔也发现了一些巨大的牙齿。这些牙齿不属于任何一种已知的动物，但和鬣蜥的牙齿有些相像，于是曼特尔给它取名为"鬣蜥之牙"。

对还是错

在希腊语中，恐龙的意思是"大蜥蜴"。

错。恐龙一词的含义是"恐怖的蜥蜴"。理查德·欧文给这种动物取名为"恐龙"。

"恐龙"一词的由来

所谓的"大蜥蜴"和"鬣蜥"会不会属于同一种动物呢？它们是不是一种很久以前灭绝了的大型爬行动物呢？1842 年，英国人理查德·欧文这样想到，并为这种生物取名"恐龙"。

恐龙热潮

一些与恐龙相关的雕塑展览随之在英国举办（见左侧照片），并取得了空前的成功。很快，大批的科学家开始投入恐龙化石的搜寻工作。

古生物学家

古生物学家，是指研究生活在很久很久以前的生物的科学家。因此，他们的研究对象只能是这些动物和植物留下的痕迹——埋在地下的化石。

哪里可以找到化石?

化石经常是无意间被发现的。但是,古生物学家们常常可以根据他们对岩石、地域的了解,或是通过已经找到的化石进行判断,从而增大发现新化石的可能性。

挖掘化石

发现化石后,古生物学家会用锤头或鹤嘴锤挖掘化石。但是发掘时要非常小心,因为化石是十分脆弱的。在将化石运送到实验室之前,还需要用石膏将化石仔细包裹起来。

你知道吗

新的物种被发现后,发现者是可以为它们命名的。它们的名字或与发现地相关,如阿根廷龙;或与发现者相关,如阿贝力龙;或带有自身特点,如三角龙。

实验室研究

实验室里,古生物学家会将包裹在化石外面的其他石头除去,然后仔细清理化石并将碎裂的地方粘起来。之后,他们会研究这些化石是什么,归属于哪个物种,以及该种动物是否是已知物种。

重现过去

如果化石属于一种未知的动物,古生物学家就会尝试分析这种动物属于哪一类、长得什么样子、生活在什么年代、以什么为食、如何生存……

化 石

这个艾伯塔龙化石多么完美啊！但是这些化石为何掩埋于地下几百万年，而依然如此完好无缺呢？这是因为它们已不再是动物的骨骼，而是石头……

化石的形成

1 把鸡腿中的骨头取出，用洗洁剂和百洁布清洗干净。

实验准备：
● 一些吃剩的鸡骨头
● 一个杯子
● 一根钢笔管
● 一卷胶带

2 将骨头放在微波炉中加热 5 分钟，使其干燥。注意不要让骨头烧糊哦！

3 在水杯中滴入几滴墨水，再加入半杯水，之后将骨头放入杯中。

真真假假

恐龙的粪便也会变为化石。

其明。这种化石并非常少见，如此，探查化石的脚印也是如此。真的，粪化作"粪化石"，不仅如此，恐龙排泄物的脚印

4 在水面位置粘贴一块透明胶来标记水位，之后等待一晚观察一下水位有没有降低。

水位降低了，因为骨头会如同海绵一样，会吸收杯中的墨水。一些化石的形成过程也类似如此。设想一下，一只恐龙在河边死去，沙子掩埋了它的尸体。恐龙的皮肤和肌肉渐渐腐烂消失，只剩下骨头。几百年过去了，沙子慢慢石化变为坚硬的岩石，河水如同实验中的墨水一般渗入骨骼，并将细小的石子也带入其中，渐渐地，骨头被石子填满，最终也变成了石头。

什么是恐龙

这个可怕的动物是一只蜥蜴，它生活在印度尼西亚。它是存活下来的恐龙吗？不是，它只是一只蜥蜴。那么，蜥蜴和恐龙的差别在哪里呢？

谁更牢固

实验准备：
- 一些橡皮泥
- 8 根火柴

1 搓揉两个杏般大小的橡皮泥球。

2 在一个橡皮泥球上平行插入 4 根火柴，就像动物的脚一样。

3 在另一个橡皮泥球中也插入 4 根火柴，就像右图中那样。

真真假假

恐龙和蜥蜴都是爬行动物。

真的。恐龙、蜥蜴、鳄鱼、蛇、龟，这些都是爬行动物。它们之间都有着或多或少的关系。

4 把这两个都插了火柴的橡皮泥球放在桌子上。

5 两只手分别放在两个插了火柴的橡皮泥球上，慢慢用力下压。哪个球最先被破坏？

4 根火柴间距较大的小球先被破坏了，另外一个损坏却不大，这就是蜥蜴和恐龙之间的区别。蜥蜴的腿长在身体的两侧，这使得它们不能承受太大的重量。恐龙的腿长在身体的正下方，因而较为稳固。也因为如此，有的恐龙的体重甚至达到了几十吨。

有骨……有肉

古生物学家找到了已经变为化石的恐龙骨骼，但上面附着的肌肉、皮肤已经无迹可寻。要想还原恐龙的完整形态，就只能依靠想象力了，但可不能不着边际地乱想哦……

观察恐龙的后裔

1 在大人的陪伴下，去到一个有鸽子、麻雀和鸡的地方……

实验准备：
- 一些面包
- 一些纸张
- 一支笔
- 一位成年人

2 撒些面包屑吸引它们过来。

你知道吗

为了吃到树上的树叶，蜥脚龙会伸长它们的脖子。就好像现在的长颈鹿一样，尽管它们之间并没有什么关联。

3 尝试着画出它们脚掌的样子。它们脚的前面、后面各有几根脚趾？每个脚趾是如何相连的？它们脚上的皮肤光滑吗？

4 观察第 52 页中伶盗龙的脚掌：一只脚掌上有几根脚趾？脚趾之间是怎样连接在一起的？脚掌上的皮肤是什么样的？

伶盗龙的脚掌和鸟类的脚掌很相像。这并不是偶然情况，因为鸟类就是恐龙的后代！古生物学家通过观察、研究与恐龙相近的动物来了解它们的形态，它们的生活习性等，例如，古生物学家通过查看鸟类和爬行动物的肌肉形状，以及骨肉连接的方式来推断恐龙的肌肉形态。

恐龙家族

这三只恐龙都长着鸭子一样嘴巴，可真像啊！这是因为，它们同属于鸭嘴龙属这个恐龙家族。它们之间的关系就好似马和斑马，猫和老虎。

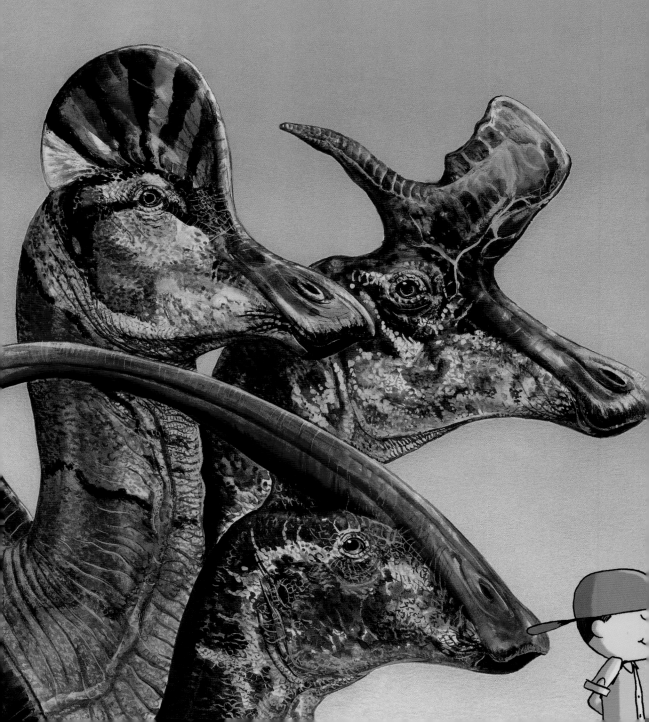

恐龙纸牌

实验准备：
● 一张本书第 87
页的彩色复印件
● 一把剪刀

1 把复印件上的 12 个小卡片剪下来。

2 观察卡片上面动物的异同。这里有 4 类不同的恐龙，每类包括 3 种，你能将它们归类吗？

1 号、7 号和 9 号恐龙属于结节龙，2 号、6 号和 11 号恐龙属于霸王龙，3 号、5 号和 12 号属于梁龙，4 号、8 号和 10 号则属于镰刀龙。最初，古生物学家将恐龙分为两大类：骨盆类似蜥蜴的蜥臀目和骨盆类似鸟类的鸟臀目。后来，这两大类别的恐龙被不断细分成不同的科，各科的恐龙根据形态不同又被划归不同的属。在古生物学家绘制的恐龙家族树状图上，你可以找到已被发现的任何一种恐龙。

猜猜看

一共有多少种恐龙？

迄今为止，人们总共发现了大约 700 种恐龙。但由于化石非常少见，这其中很多种类都是通过少数零星的骨头来猜测的。还有几种恐龙还没有留下任何痕迹，便从地球上消失了。

恐龙生活在什么年代

多美的山啊！你看到山上那些白色、红色的一层一层的了吗？这一层一层的叫作地层，正是它们帮助古生物学家了解了恐龙生活的年代。

观察地层

1 在玻璃杯中倒入约1厘米层高的白糖，并将白糖表面弄平整。

实验准备：
- 一个玻璃杯
- 一些白糖
- 一些大米
- 一些面粉
- 一些玉米面
- 一些食盐

你知道吗

恐龙生活的年代叫作"中生代"，中生代又分为三个不同的阶段——三叠纪（2.5亿～2亿年前）、侏罗纪（2亿～1.45亿年前）和白垩纪（1.45亿～6500万年前）。

2 再倒入约1厘米层高的大米粒，接着是面粉、玉米面、食盐。从侧面观察玻璃杯，你看到了什么？

杯中出现了不同的分层，我们脚下的土地也是这样的——地下土壤按照形成时间的不同呈现出不同的地层。通过研究这些地层，我们发现在大约2.5亿年前的地层中（相当于实验中的白糖层），无法找到任何恐龙化石；在2.5亿～2亿年前的地层中（相当于实验中的大米粒层），可以找到始盗龙和腔骨龙的化石；在2亿～1.45亿年前的地层中（相当于实验中的面粉层），可以找到梁龙和剑龙的化石；在1.45亿～6500万年前的地层中（相当于实验中的玉米面层），可以发现三角龙和霸王龙的化石；在距今不到6500万年的地层中（相当于实验中的食盐层），便没有恐龙化石出现了。这表明，恐龙在距今不到2.5亿年前出现，又在6500万年前消失了。

不断进化的世界

这个贝壳化石叫作菊石，这种贝类生物的生活年代比恐龙还要久远。地球上的生命起源于海洋，并不断进化。这是一个很长的故事……

生命，从开始到现在

最原始的动物
（4.1 亿年前）

⑤

最原始的植物
（4.4 亿年前）

④

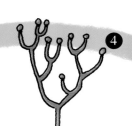

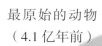

最原始的爬行动物
（3.4 亿年前）

⑥

③

甲壳动物（6
亿年前）

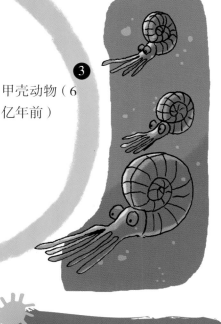

①

地球诞生（45
亿年前）

恐龙诞生（2.35
亿年前）

⑦

②

最原始的生命（细菌）
诞生（35 亿年前）

最原始的哺乳动
物（2.1 亿年前）

⑧

你知道吗

　　生命并不是一直处于平稳进化状态的。2.5 亿年前，90% 的生物突然消失了。古生物学家们至今也不知道这次大灭绝的确切原因，只能猜测是由于气候变化、火山喷发、陨石撞击等引起的。

⑨

最早的鸟类
（15 亿年前）

⑩

恐龙灭绝（6500
万年前）

⑪

人类的祖先（450
万年前）

不断变化的地球

在非洲和美洲均发现了大椎龙的化石,那么,大椎龙又是如何从一块大陆跑到另一块大陆去的呢?游泳?当然不是!在大椎龙生活的年代,这两块大陆是连接在一起的。

板块拼图

1 把透明纸放在地图上，然后在透明纸上描绘出北美洲的样子。

实验准备：
- 一张世界地图
- 一张透明纸
- 一支笔
- 一把剪刀

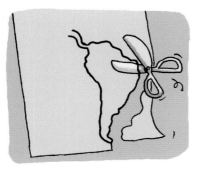

2 把描绘出的图案剪下来

对还是错

在欧洲没有发现任何恐龙化石。

到 20 种是在澳洲被发现的。
于非洲（如斑龙），还有些
洲（如剑龙），50 种被发现
主龙），180 种被发现于亚
龙），250 种被发现于美洲（如霸
都是在欧洲被发现的（如禽龙
错。人约有 90 种恐龙

3 把剪下的图案放在地图上北美洲的位置，并慢慢向左移动，贴近非洲。它们可以很好地拼接在一起吗？

北美洲和非洲的图案完美地拼接在了一起，像拼图一样！2 亿年前，所有的大陆都是连接在一起的，世界上只有一块大陆——泛古陆。大椎龙可能既在现在的非洲又在现在的美洲区域生活。然而，由于板块漂移运动，泛古陆分裂成几个板块，这些板块漂移各处形成各大洲。

恐龙的生活

古生物学家通过研究恐龙化石，观察现存动物的生活，逐渐了解了恐龙的生活方式。我们一起去瞧瞧吧！

生活在哪里

图片里的这些树木是一些巨大的蕨类植物，目前在新西兰等地依然可以找到它们。古生物学家推测，最初的恐龙很可能就生活在这样的环境中，后来，环境发生了很大的变化。

植物的进化

蕨类植物与针叶植物

三叠纪和侏罗纪，地球上还没有进化出有花植物和草本植物，森林主要由巨型的蕨类植物（如树蕨、木贼），以及针叶植物和苏铁类植物构成。食草类恐龙就是以这些植物的叶子为食的。

花的出现

距今约1.3亿年前的白垩纪早期，最早的有花植物出现了。它们快速生长，并很快适应了环境。自然环境也因此发生了巨大变化，与今天我们所熟悉的环境越来越相似——胡桃、梧桐、木兰等现代科属植物都已出现。

你知道吗

银杏树在距今约2.7亿年前就已出现，比恐龙出现得还要早。在经历了种种气候变迁之后，至今依然存活在世界上，因此，它又被称为"化石树"。

不同的气候

和今天一样，在恐龙生活的中生代，沿海与内陆的气候也有着很大的不同，例如，三叠纪的气候炎热而干燥；侏罗纪后期气候开始变得温暖而湿润；白垩纪初期气候变得更加温暖，各地区气温开始趋于平衡。

各得其所

生活在不同地区、不同气候环境下的恐龙，它们需要不断地改变自己以适应环境，例如，侏罗纪的梁龙以树叶为食，而白垩纪的原角龙却生活在沙漠中，棘龙则生活在沼泽中。

哪里出生？

快看，恐龙宝宝！这幅图向我们展示了镰刀龙蛋内部的样子。恐龙是从蛋中孵化出来的，和今天的蜥蜴、鳄鱼、鸟类一样。

恐龙如何出生

产卵

恐龙妈妈会先找好产卵的地方，这地方可能是沙土中一个简单的小洞，也可能是用树枝搭建的小窝。接着，恐龙妈妈会在这里产下恐龙蛋。在中国曾经发现了一些恐龙巢穴的遗迹，并在里面发现了20多个长约20厘米的恐龙蛋化石。

孵化

一些小型的恐龙，比如窃蛋龙，会像母鸡一样孵蛋。但重达几吨的大型恐龙就不能这样了，梁龙要是这样孵蛋的话，肯定会把蛋全部压碎的！

你知道吗

古生物学家们找到了许多恐龙蛋化石，但判断是属于哪种恐龙的却很难，除非他们可以在巢穴旁发现新生恐龙的骨头，但这种情况是极为少见的。

出生

恐龙宝宝通常是通过自己的努力破壳而出的。古生物学家们发现，一些恐龙会照顾它们的后代，例如慈母龙，在它的巢穴遗迹中有恐龙妈妈为恐龙宝宝送食物留下的痕迹。

成长

恐龙宝宝的体型一般都不大，刚出生的霸王龙宝宝的体长也不过45厘米左右，约2千克重，还不如人类的宝宝大呢！但是，30年后，它们有的却可以长成体长12米左右，重达6吨左右的巨型恐龙。

群居生活

今天，一些动物喜欢群居，比如大象；一些动物则喜欢单独行动，比如蜥蜴。那么，恐龙是如何生活的呢？

群居的理由

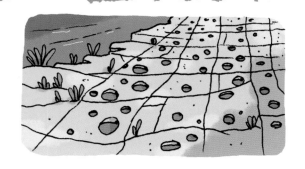

证据

　　人们曾在一个地方发现了多只雷龙的脚印化石，还发现了一些紧密排列的慈母龙巢穴遗迹，以及叠加在一起的强骨龙骨骼化石，由此可推断这些恐龙曾都是群居生活的。

互相保护

　　对于草食恐龙，群居生活可以帮助它们对抗肉食恐龙的进攻，例如，三角龙在遭遇攻击时，会自觉围成一个圆圈，把幼年恐龙围在圈内，以尖角对外进行防御。

你知道吗

　　肿头龙的头骨成头盔状，骨骼粗壮。据推测，雄性肿头龙之间很可能是通过头部撞击来一较高下，称霸为王的。

共同进攻

　　对小型食肉恐龙（比如强骨龙）来说，捕捉大型猎物，个体完全没有优势，所以它们的猎食行为都是群体性的，就如今天的狼群一样。

共同繁衍后代

　　并不是所有的恐龙都是群居生活的，但是繁衍后代时，它们都会选择聚集在一起。雄性双脊龙头顶的冠，并不是用来保护自己的，而是用来吸引雌性的。

恐龙会叫吗

很多种恐龙都是会发出吼叫声的。图片中的骨骼化石是属于副栉龙的, 副栉龙头上的长角, 据研究, 很可能是它的声音放大器。我们来一探究竟吧……

像恐龙一样叫喊

1 让大人帮忙，用刀截去塑料瓶的瓶底。

实验准备：
- 一个空饮料瓶
- 一把尖刀
- 一位成年人陪伴

2 嘴对着瓶口，双手扶住瓶身，大声喊"啊——"

你知道吗

科学家曾试图通过一个与副栉龙长角形状类似的塑料角模仿副栉龙吼声。他们听到的声音和今天轮船上的汽笛声十分相似。

3 感觉到瓶身的振动了吗？

4 拿走瓶子，再次发出同样的喊声，哪次的声音比较大？

对着瓶子叫喊，你可以感觉到瓶子的振动，而且听起来也更大声一些。古生物学家认为，副栉龙通过它头顶上的角来放大吼叫声，没准它还会唱歌……当肉食恐龙靠近它们时，第一个发现危险的副栉龙会发出巨大的咆哮声，向同伴发出警告。

恐龙聪明吗

这只巴洛龙身体这么巨大，头却这么小，一定不会聪明！很多人认为恐龙没什么脑子，真是这样吗？

称称你的头

1 在大人的帮助下，将气球的球嘴套水龙头上，用手拖住气球的下端。

实验准备：
- 一个气球
- 一台秤
- 一位成年人

2 打开水龙头，当气球变得和你的头差不多大时，关上水龙头。

真真假假

草食恐龙通常没有肉食恐龙聪明。

真的。吃草恐龙都比捕食猎物的脑容量大得多，来捕食猎物是不停转动的脑子是聪明的。

3 让大人帮忙，把气球扎紧嘴放在秤上，它的重量和你的头的重量基本相同。

在我们的大脑中有许多的神经元，但更多的是水。因此，一个和我们的头差不多大小、装满水的气球，和我们头的重量几乎相同。通常来说，一个成年人的头重 1.1 ～ 1.8 千克。通过测量恐龙头骨内侧的大小，古生物学家推测出了恐龙脑容量的大小及脑髓的多少。结果是这样的：体型如小型客车的剑龙，大脑仅仅为核桃般大小，不到你的大脑重量的 1/10！恐龙大脑和现在的爬行动物类似，与人类相差甚远。

恐龙有多重

和这只雷龙相比，人类就显得十分
渺小了……但并不是所有的恐龙都如此
庞大！那么最小的恐龙有多重呢？

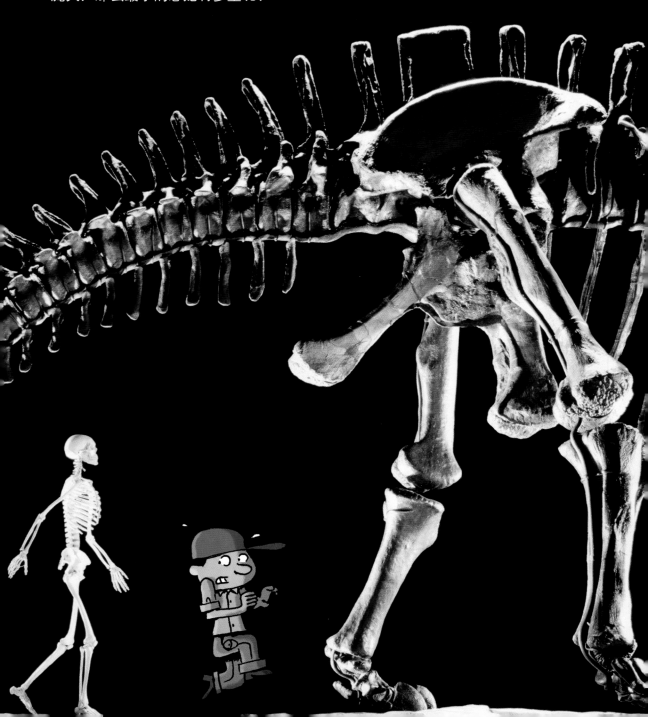

1 从你的毛绒玩具中挑一只长度大约 40 厘米的玩具。

实验准备：
- 一把尺子
- 一个玩具小人
- 一个绒毛玩具

2 把毛绒玩具放在桌边，将玩具小人摆在旁边。

世界纪录

1989 年发现的阿根廷龙是距今为止发现的最大的恐龙。它与梁龙较为相似，身长大约 40 米（手球场地的大小），重达 80 吨（相当于 10 只大象）。

3 蹲下身体，让目光停留在距离玩具小人几厘米的位置上。盯着玩具小人看几秒钟，然后再看向毛绒玩具——毛绒玩具是不是看起来十分巨大了！

如果人类的大小就如同这个玩具小人的话，霸王龙就和毛绒玩具差不多大小，而身型最长的恐龙——梁龙，就和扫帚柄一样长！很可怕吧？但也不是所有的恐龙都这样大，比如鼠龙就和人类一样高；伶盗龙的体型类似于今天的犬类；最小的是小盗龙，只有母鸡那么大。

恐龙跑得快吗

几百万年前，恐龙曾从这里经过，并在这块土地上留下了脚印。土地之后变得坚硬，脚印也因此保存下来。这些脚印为古生物学家提供了许多有关恐龙的信息。

留下你的足迹

1 如果你穿着湿雨靴在一段水泥或沥青路上走过，你会发现路面留有你走过的痕迹。

实验准备：
- 一盆水
- 一双雨靴
- 一个小伙伴

2 闭上你的眼睛，让小伙伴沾湿所穿雨靴后笔直走出十步。

真真假假

霸王龙的奔跑速度可以和汽车一样快。

假的。尽管霸王龙并不是世界上跑得最快的动物，但它的奔跑速度比你想象的要快得多。根据出土的霸王龙的脚印来计算，推断出霸王龙的奔跑速度可能只有每小时约18千米，也就是和一个人跑步的速度差不多。但也有科学家认为它的奔跑速度可以达到60千米/小时，比一般人的跑步速度要快得多呢！

3 接着，叫他回到盆边，再次沾湿雨靴，在刚才的足迹旁边向同样的方向跑步前进。

4 睁开眼睛，猜一猜：哪些痕迹是步行留下的，哪些是跑步留下的？

当我们跑步时，脚后跟是不会落在地面上的，因而脚印之间的距离会较远。通过观察脚印间的距离，我们很容易就可以区分哪个是步行留下的脚印，哪个是跑步留下的脚印。此外，恐龙的脚印中还暗藏着许多其他的信息。通过脚印的形状，我们可以判断出恐龙的种类；通过脚印的深度和大小，我们可以判断出恐龙的重量和高度；通过两个脚印之间的距离，我们可以判断出恐龙留下脚印时前进的速度。

乌黑的头顶、五彩缤纷的羽毛，尾羽龙看起来像是刚从一个舞会上跑出来！但是，尾羽龙的羽毛真的是蓝色和红色的吗？

未解之谜

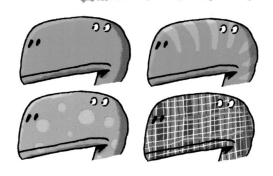

人们发现过一些可能是恐龙的皮肤、羽毛及皮毛的化石，但数量极少，所以恐龙究竟是什么样子的，皮肤是什么颜色的，至今仍是一个谜。这也是同一种恐龙的形象却各不相同的原因，因为它们的形象完全取决于画出它们的各个艺术家。

变温还是恒温？

"恒温动物"身体的温度是恒定不变的，例如，鸟类和哺乳动物。与恒温动物相反的是"变温动物"，例如，蜥蜴和鱼类。那么，恐龙属于哪一类呢？古生物学家们至今还不能给出一个确切的答案。可能每一种恐龙都不一样，因而难以一概而论。

考考你

你知道辽宁古盗鸟吗？

这是一个"骗局"！1999年，人们发现了一具特殊的恐龙化石，这让许多古生物学家兴奋不已，一种新的恐龙化石诞生了。这种恐龙被看作是介于鸟类和恐龙之间的物种，但它其实是被两块不同种类的化石拼凑起来的。

1877年，美国人马什发现了一种恐龙化石，它命名这种恐龙为雷龙。两年后，他又发现了一种恐龙化石，这次他命名这种恐龙为迷惑龙。但是，后来其他科学家发现这两种恐龙化石其实同属于一种恐龙，他们取其中"雷龙"命名之。在古生物研究中，这种新论断推翻前人论断的情况时有发生，因为谁知道我们又会发现什么新的证据呢？

食肉恐龙

左侧是一只饥饿的霸王龙，而右侧这只剑龙可并不想成为它的下午茶！不是每种恐龙都以相同的东西为食，我们先来研究一下这些吃肉的恐龙吧……嘘，悄悄地跟我来！

吃肉的家伙

猜一猜：这只特霸王龙晚餐要吃些什么？是青草还是肉？看看它的这些尖牙，就知道它一定是吃肉的啦。可是，要是古生物学家们没有发现恐龙的头部化石，他们又如何判断恐龙是不是吃肉的呢？

牙齿

肉食恐龙都有着尖尖的牙齿，这些牙齿向着舌根方向生长。这些尖牙就好像是锯，帮助恐龙捕杀、撕咬猎物。

爪子

没有发现恐龙头部化石的时候，科学家们会研究恐龙的爪子。肉食恐龙的爪子和牙齿一样，都非常尖利。

你知道吗

肉食恐龙属于兽脚亚目，兽脚亚目包括似鸟龙科、盗蛋龙科、驰龙科……

不同的菜肴

不是所有肉食恐龙都吃一种肉。一些恐龙对其他恐龙的蛋更感兴趣；还有一些，比如这个嘴巴长得很像鳄鱼的重爪龙，则更喜欢吃鱼。

难以分辨

有些恐龙的食物类型则很难判断，比如镰刀龙。镰刀龙长着长长的利爪，很长时间以来，人们都以为它是吃肉的，可实际上，这些利爪可能只是用来切割植物的。

始盗龙　恐龙的祖先

个头不太大，也貌不惊人，第一眼看过去，始盗龙似乎并不会引起我们太多的注意，但它可是恐龙的祖先哦。

黎明的掠夺者

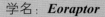

始盗龙的四肢长在身子下面，可见是一只真正的恐龙。它用后腿奔跑，每只后脚上长有三根脚趾。始盗龙身长不足1米，长着尖尖的牙齿，以蜥蜴和昆虫为食。它生活的年代距今已有2.3亿年。

学名：*Eoraptor*
科：不属于任何一科
化石产地：南美洲（阿根廷）
时代：三叠纪晚期
备注："始盗龙"的含义是"黎明的掠夺者"。这里的黎明表示它生活于恐龙出现的最初期。

还有一些恐龙也想来争夺恐龙祖先的名号，例如，在阿根廷发现的肉食恐龙埃雷拉龙，已经在马达加斯加发现的一种食草恐龙……在恐龙分类中，它们都属于蜥臀目。

古生物学家推测，可能存在一种比始盗龙还要原始的恐龙，它应该是所有蜥臀目和鸟臀目恐龙的祖先。他们正尝试在2.4亿年前的岩石中寻找它的踪迹。

似鸡龙，跑得飞快

似鸡龙属于似鸟龙科，顾名思义，它是一种"很像鸟的一种恐龙"。由于这类恐龙跑得非常快，因此也叫作"鸵鸟龙"。

速度飞快的杂食动物

和现在的鸟一样，似鸡龙也没有牙齿。它的大眼睛长在头的两侧，这样可以让它在不转头的情况下即可看到身后的情况。它的前爪则用来刮抓地面寻找食物。

学名：*Gallimimus*
科：似鸟龙科
化石产地：亚洲（蒙古）
时代：白垩纪晚期
备注：很多似鸟龙科的恐龙都有着鸟类的名字，如似鸡龙、似鸵龙、似鹈鹕龙等。

似鸡龙的腿形很利于跑步，这使它成为一种奔跑速度非常快的恐龙——速度高达 60 千米 / 小时。然而似鸡龙更多的是利用它的速度来躲避猎食者，而不是追捕猎物。要是没有这飞快的速度，手无寸铁的似鸡龙真可谓是食肉恐龙的一道美餐呢。

似鸡龙以蜥蜴、种子、昆虫和植物为食。与其他大多数恐龙不同，似鸡龙既不是食肉动物，也不是食草动物，它属于杂食动物。

窃蛋龙，背负恶名

有时，古生物学家也会犯错。1923 年，他们发现窃蛋龙的第一个化石的时候，认为它正在偷别的恐龙的蛋，这让窃蛋龙背负了几十年的坏名声。

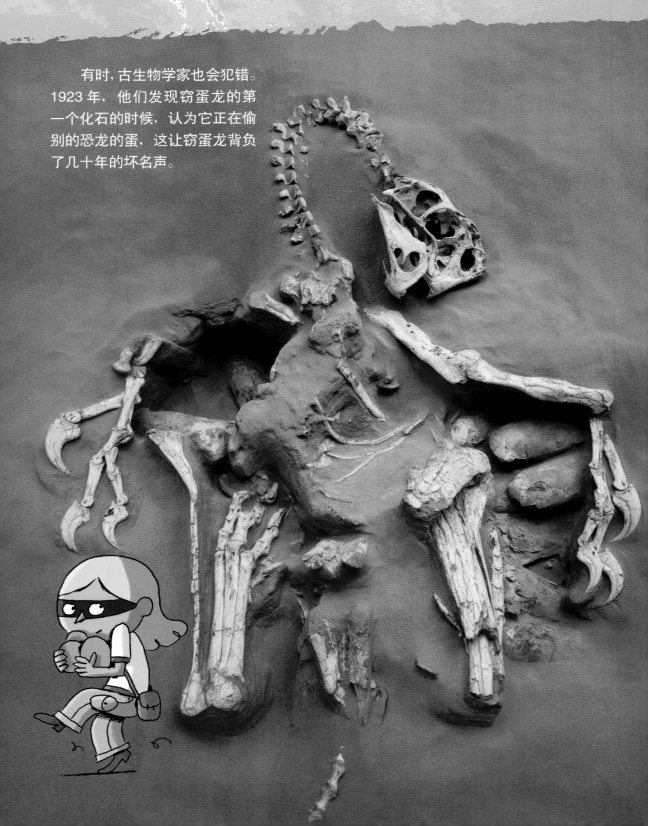

被冤枉的恐龙

　　窃蛋龙于 1923 年在戈壁中被发现。它身长 1.8 米，长有鸟一样的嘴巴，头上还顶着一顶冠。它前肢长，尖尖的爪子可以帮助它捕捉并撕裂食物。

学名：***Oviraptor***
科：窃蛋龙科
化石产地：亚洲（蒙古）
时代：白垩纪末
备注：2005 年，窃蛋龙的近亲巨盗龙在蒙古被发现，这种恐龙高达 8 米，真是太巨大了！

　　窃蛋龙之所以叫这个名字，是因为它第一次被发现的时候，身旁有一窝恐龙蛋。人们当时认为这些蛋属于原角龙，而窃蛋龙正企图偷取吃掉这些蛋，所以为它取了这个名字。

　　1990 年，真相被揭晓：当窃蛋龙孵蛋的化石被发现时，古生物学家意识到，他们当初推断错了，那时发现的窃蛋龙化石旁边的恐龙蛋化石，不属于别的恐龙，正是窃蛋龙自己的蛋的化石。

伶盗龙，无情的杀手

伶盗龙是最优秀的狩猎者之一，但是伶盗龙为什么不把前肢同样放在地上呢？这样高高举起，是为了美观吗？

一切为了狩猎

伶盗龙身材很小，只有 1.8 米长，不到 1 米高，体重约 25 千克，但它却是个非常厉害的狩猎者。他尖利的爪子是一件很强大的武器，当它冲向猎物的时候，就会将利爪插入猎物的身体。而为了让爪子保持锋利，伶盗龙平时奔跑时都会将前爪高高举起。

学名：*Velociraptor*
科：驰龙科
化石产地：亚洲（中国、蒙古）
时代：白垩纪晚期
备注：《侏罗纪公园》电影中那些凶猛动物的原型就是伶盗龙，尽管电影中的动物比伶盗龙要大上许多。

伶盗龙除了爪利，奔跑的速度也非常快（它名字的意思就是"敏捷的盗贼"）。伶盗龙比一般的恐龙都要聪明。它们有着强大的下颚和锋利的牙齿。并且，团结就是力量，伶盗龙一向是群体狩猎。

1971 年，人们发现了一个惊人的化石——一只伶盗龙正在攻击一只原角龙。它的前爪抓住了原角龙的头，一只后爪插入猎物的脖子中。这两只恐龙在打斗的过程中，被埋入沙丘，变成化石留存了下来。

霸王龙，恐龙中的霸王

这就是最著名的肉食恐龙——霸王龙，又叫作暴龙。但是，它真的很可怕吗？

真假霸王

霸王龙身高 6 米，长 12 米，重达 6 吨。人类站在它的身旁，还没有它的腿高。它下颚巨大，牙齿长达 30 厘米，一口可以吃下 35 千克的肉，真是太可怕了！

然而，由于它的体重很大，霸王龙既不能跑得太快，也不能跑得时间过长，这使得它不能成为一个十分强大的狩猎者。更何况霸王龙并不是最大的食肉恐龙，比如，南方巨兽龙就比霸王龙身长更长，也更重。

学名：*Tyrannosauru*
科：霸王龙科
化石产地：北美洲
时代：白垩纪末期
备注：霸王龙不仅狩猎，还会吃掉路上遇到的其他恐龙的尸体，是名副其实的清道夫。

霸王龙的传说始于 1905 年，其中一个发现者为了宣传它的发现，专门写了一篇关于霸王龙的文章，他在文章中描述道："王中之王，恐龙时代最迅捷的动物，卓越的狩猎者，甚至可以杀死体重是其两倍的食草恐龙。"这便是关于霸王龙的神话的开始……

食草恐龙

　　这只安静的蜥脚类恐龙连一只苍蝇也不会伤害，这是因为它只吃植物。食草恐龙的体型或大或小，通常在它们的两只或四只脚上长有硬硬的壳或角，这可以为它们提供保护。食草恐龙的样子千奇百怪，我们一起来看看吧……

吃草的家伙

请将副栉龙的牙齿与本书第 44 页的霸王龙的牙齿比一比。毫无疑问，它们所需的食物并不相同。副栉龙牙齿平平的，只能用来咀嚼植物。

证 据

撕扯食物的牙齿

不同种类的草食恐龙，牙齿的形状也各不相同。例如，腕龙的牙齿为抹刀状，剑龙的牙齿呈叶子状，副栉龙则可以吃下最难咀嚼的植物。

大肚子

植物比肉类更难消化，因此草食动物的胃部比肉食动物大，肠道也更长。肚子的大小，成了判断草食恐龙的一个因素。

你知道吗

与这些食草恐龙一样，为了帮助消化，小鸡平时也会吞吃一些小石子！

胃中的小石子

一些食草恐龙会吞食小石子以帮助它们消化——小石子进入胃中，可以帮助磨碎植物。因此，如果我们在化石中发现了"胃石"，便可以判断这个恐龙是食草恐龙了。

两只脚还是四只脚

所有的食肉恐龙都是用两条后腿来走路，而草食动物，既可以用四只脚，也可以用两只脚来走路。因此，如果你看到一只用四条腿走路的恐龙，那它必然是食草动物。

腕龙，恐龙中的巨人

这只腕龙有 80 吨重，是迄今为止发现的地球上最重的动物。腕龙经过之处，植物都会被扫荡一空，好一段时间才会再长出来。

楼一样高

腕龙名字的意思是"前肢像手腕的蜥蜴"，因为它的前腿要比后腿长得多。这样的身形可以让它把头伸到12米高的地方享用其他恐龙吃不到的树叶。

古生物学家们认为，腕龙的体重过重，不能够在陆地上生活。因为这样的重量会让它们被自己压垮。科学家猜想，腕龙很可能是生活在湖底，只有头部露出水面。

学名：**Brachiosaurus**
科：腕龙科
化石产地：北美洲、非洲
时代：侏罗纪晚期，白垩纪早期
备注：腕龙的鼻孔长在头顶，可能是为了避免行走于树林中被树枝戳进鼻孔吧。

腕龙属于蜥脚目恐龙。蜥脚目恐龙是一个庞大的家族，由梁龙科、腕龙科、巨龙科等组成。它们共同的特点是，长长的脖子、长长的尾巴、四只脚走路……

剑龙与它的"剑"

你看到这个恐龙骨架上，沿脊椎而立的一根根骨板了吗？这是剑龙的骨架，可是这些"剑"是做什么用的呢？

剑之谜

剑龙可达 10 米长，它行动缓慢、攻击力弱，只能吃比较低矮的植物。剑龙背上的剑可以高达 1 米，这些剑并不是长在骨头上，而是嵌在皮肤上。

学名：**Stegosaurus**
科：剑龙科
化石产地：北美洲
时代：侏罗纪晚期
备注：面对敌人，剑龙有一个非常强大的武器：位于尾巴上的两排尖尖的长剑。谁碰到都会被刺痛！

这些剑的用处是一个谜，作为防止肉食恐龙进攻的武器它们太过脆弱了。有人猜想它们可能类似太阳能板——剑龙将其暴露在阳光下或风中，用来升高或降低自己的体温。

这些剑的排列也是一个谜。剑龙的发现者马什认为这些剑是水平排列的，就像屋顶的瓦片。因此剑龙名字的最初意思是"屋顶蜥蜴"。今天，人们相信这些剑是垂直地交替地排列成两列。

甲龙和它的甲

这只甲龙行动非常缓慢。如果受到攻
击，它根本无法奔跑自救。但它有两件非
常有效的自卫武器……

盾牌与锤头

甲龙生活在白垩纪晚期，就在恐龙灭绝之前。它身长 10 米，重 4 吨。甲龙名字的意思是"坚固的蜥蜴"，因为它浑身都是铠甲。

甲龙的甲是由许许多多的厚骨板组成的，这些骨板插入在肌肤中，尖锐的地方向外立起。只有甲龙的肚子没有铠甲的保护，这是它面临敌人时唯一的弱点。

学名：*Ankylosaurus*
科：甲龙科
化石产地：北美洲
时代：白垩纪晚期
备注：甲龙名字的原意是"带有盔甲的头"。但实际上，就连它的眼皮上都有盔甲！

甲龙尾巴末端的骨头牢牢地结合在一起，形成了一个有力的锤头。尾巴上的肌肉可以令"锤头"左右摇摆。当甲龙遭遇霸王龙的攻击时，它会用锤头重重击打霸王龙的腿，让它失去平衡。

三角龙和它的角

一只角在鼻子上，两只角在头顶，令人联想起犀牛，这就是三角龙名字的由来。

角与头盾

三角龙的体型和一只成年大象类似，它会用鹦鹉一样的嘴巴咀嚼植物。三角龙是群居性恐龙，古生物学家曾经在一个地点发现了数百具三角龙的化石，它们可能是在过河时遭遇了洪水而集体死亡。

三角龙的角除了用来抵御食肉恐龙外，还是雄性之间决斗的武器。它的头盾用途更多：保护颈部，吸引雌性，甚至可以调节温度。

角龙科除了三角龙，还有其他成员。戟龙的鼻子上有一个巨大的角，头盾上环绕着 6 只角；开角龙有一个巨大的头，算上头盾足有 2 米长。

学名：*Triceratops*
科：角龙科
化石产地：北美洲
时代：白垩纪晚期
备注：每一只三角龙的角形状都不相同，这或许可以帮助它们之间彼此区分。

禽龙，知名度很高的恐龙

禽龙是最著名的恐龙之一。1878年，人们在比利时贝尼萨尔的一个矿场，发现了30具完整的禽龙骨骼化石。这使得这种草食性恐龙迅速闻名世界。

两只脚还是四只脚

禽龙大约有十几米长，它用喙撕扯下植物，再用它紧密的牙齿嚼食。它前肢的拇趾十分锋利，这也许这是它的武器，或者是用来撕扯树叶的工具。

学名：*Iguanodon*
科：禽龙科
化石产地：欧洲、北非、北美洲
时代：白垩纪
备注：禽龙属于"鸟脚类恐龙"，它们长有类似鸟类的脚。本书第 16 页的鸭嘴龙也属于鸟脚类恐龙。

很长时间以来，古生物学家一直认为禽龙用两个后腿站立，并像袋鼠一样用尾巴支撑身体。如今，他们认为禽龙应该是平行于地面爬行，爬行时也会用上两只前腿。但是为了够到树木的顶端，它也可以直立起来。

最早的草食性恐龙都很小，重量也很轻，它们用后脚行走。经过数百万年的进化，体型更大、更重的草食性恐龙出现了。为了支撑体重，它们开始爬行。

其他动物

　　体型庞大又数目众多，恐龙可以说是中生代的霸主，但它们并不是这个时代的唯一动物。那时，小型哺乳动物已经出现在地球上，海洋和天空中也遍布着许多其他动物的踪迹。

海生爬行动物

这个有趣的动物叫作上龙，和恐龙一样，它也属于爬行动物，但是它却不属于恐龙。恐龙都生活在陆地上，而它是生活在海洋中的。

海洋中的猛兽

回到海洋

　　生命起源于大海，之后，越来越多的生物渐渐离开大海来到陆地生活。然而，一些爬行动物后来又选择回到海洋中，重新开始了水下生活。

"鱼蜥蜴"

　　乍一看，这些鱼龙看起来和鱼没什么不同——同样的身躯、同样的鳍……但是，它们实际上属于爬行动物，并且不得不每隔一段时间就浮到水面呼吸空气。

真真假假

　　在恐龙时代已经有鱼类存在了。

　　真的！那时的海洋中，已经有很多鱼类和海生爬行动物并且也是，只不过这些海生爬行动物中的恐龙。

海洋中的"巨人"

　　这只薄片龙身长 13 米，它身长的一半都是由头和脖子构成的！至于上龙，它有四个鳍状肢和一张巨大的嘴，是一种可怕的大型猎物狩猎者。

其他动物……

　　还有一些我们很熟悉的海生爬行动物，比如鳄鱼、龟和蛇，它们都生活在海洋中。

可以飞的爬行动物

这只始祖鸟生活于1.5亿年前。它的大小近似一只鸽子，飞行能力并不十分出色。很长时间以来，古生物学家们一直犹豫：它到底是属于鸟类，还是恐龙？

飞向天际

滑翔的爬行动物

在真正会飞行之前，爬行动物们首先要会滑翔。依卡洛蜥是生活在三叠纪的一种蜥蜴，它肋骨到腹部之间肌肉的形状酷似翅膀。因此，当它从一棵树上纵身而下时，这种"翅膀"能让它平稳地滑行到地面。

翼龙

翼龙的前肢和腹部之间的皮肤是可以拉伸的，因此，这种爬行动物拍动双臂便可以飞翔。有些翼龙大小如麻雀，有的却和客机一般大。

你知道吗

"飞龙"是目前依然生活在亚洲的一种蜥蜴。它们会先爬到树上，然后滑行而下，就和三叠纪的某些爬行动物一样。

始祖鸟

始祖鸟有牙齿、尾巴，还有和小型恐龙一样的尖尖的爪子。但是，它也有如鸟类一样的羽毛。这也从一个方面验证了这样的猜测：恐龙是鸟类的祖先。

鸟类

恐龙时代便已经有了鸟类。这只孔子鸟生活在 1.5 亿年前，它有着没有牙齿的嘴、短短的尾巴，飞行技能卓越。总之，它是一只真正的鸟！

哺乳动物

在恐龙时代，哺乳动物已经存在了，只是那时的哺乳动物体型非常小。这些负鼠目前生活在美洲，它们和中生代的哺乳动物十分相似。

遥远的祖先

这只犬齿兽生活在大约 2.5 亿年前，属于"哺乳类爬行动物"，换言之，它们是爬行动物的一支，是哺乳动物的祖先。

哺乳动物

随着时间的推移，犬齿兽的后代和如今的哺乳动物越来越相像。它们都是恒温动物，都长有皮毛，并且都会哺乳后代。

小才能生存

最初的哺乳动物需要时刻躲避恐龙的威胁。为了不成为恐龙的盘中餐，低调是十分重要的。因此，这时的哺乳动物体型只能小小的，最大的也不过和现在的狐狸差不多大。

真真假假

有些哺乳动物以恐龙为食。

真的！2004 年，人们发现了一具保存着最后一次晚餐的哺乳动物化石，在这个哺乳动物的腹中，竟然有一只遭殃的小恐龙残骸呢。

哺乳动物的祖先

始祖兽是最原始的哺乳动物，1.25 亿年前生活在中国辽宁。它的大小和老鼠相近，以昆虫为食。它们不生蛋，而是直接生出小宝宝。

其他动物

这只昆虫生活在数百万年前。有一天，它突然被树上滴落的树脂包裹起来。树脂硬化，变为琥珀，而这只被困在树脂中的小虫子，就这样成为琥珀的一部分也被完整地保存了下来。

昆虫

蜻蜓、蚂蚁还有蟑螂，它们在恐龙出现以前就已经存在了。其他昆虫出现于中生代，比如蜜蜂，它们是在花出现后出现的。

两栖动物

1.8 亿年前，青蛙就已经存在了。古生物学家曾在马达加斯加发现了一只巨蛙的化石，这只巨蛙长 40 厘米，重 4.5 千克，生活在距今 700 万年前。

猜猜看

至今为止发现的最大的昆虫有多大？

巨型蜻蜓曾生活在 2.8 亿年前，它翅膀张开可以达到 80 厘米长，是目前为止我们所知的最重、最大的昆虫。

头足类动物

除了鱼类和海生爬行动物，那时的海洋中还生活着大量的箭石（一种鱿鱼）和菊石（一种螺旋形的软体动物）。

还有……

蠕虫、蜘蛛、蝎子、珊瑚……无数种动物生活在恐龙时代。但在那个时候，地球的主宰依然是这些"可怕的蜥蜴"……

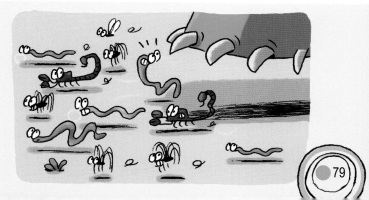

恐龙的灭绝

恐龙足足统治了地球1.6亿年,却在6500万年前突然消失了,这是为什么?!

几种假说

陨石撞击说

对于恐龙灭绝，最广为人知的假说是，地球受到一颗降落在墨西哥附近的陨石的撞击，这颗巨大的陨石撞击到地球的时候，激起了大量的尘埃，笼罩了地球。

火山喷发说

另一种假说是，一座位于印度附近的巨型火山发生了大爆发。和陨石撞击地球相同，火山爆发也会带来大量的烟尘。

千奇百怪的解释

虽然人们还不清楚恐龙灭绝的真正原因，但千奇百怪的解释可不少：比如诺亚方舟上位子不够、吃了有毒的蘑菇、被外星人杀害……

食物紧缺

由陨石或火山带来的粉尘散步到空气中，阻挡了太阳光，也使得地球的气温骤降。许许多多的植物在这次降温中死去，草食性恐龙没有了食物也相继死去，最后，以草食性恐龙为食的肉食性恐龙也灭绝了。

消失的动物

恐龙并不是这次大灭绝中的唯一受害者。6500万年前，许多海生爬行动物、可以飞行的爬行动物、菊石类生物、浮游生物，以及大量的鸟类、哺乳类动物，都在这次大灭绝中消失了。

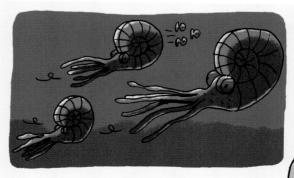

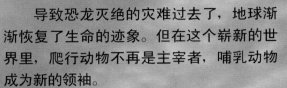

恐龙灭绝之后

导致恐龙灭绝的灾难过去了，地球渐渐恢复了生命的迹象。但在这个崭新的世界里，爬行动物不再是主宰者，哺乳动物成为新的领袖。

崭新的世界

幸存者

一些生物承受寒冷和饥饿的能力更强，因此存活了下来，比如恒温动物（例如鸟类、哺乳动物……）；有些可以长时间休眠的动物也存活了下来（例如昆虫、青蛙、鱼类）……

哺乳动物

恐龙灭绝后，哺乳动物从它们的威胁中解脱出来，数量开始快速增长，种类也越来越多：草食哺乳动物、肉食哺乳动物，以及以昆虫为食的哺乳动物。它们适应了各种气候，也适应了每一片大陆。

真真假假

我们可以让恐龙复活。

假的！要想电影《侏罗纪公园》中科学家制造恐龙的桥段得以实现已经不了，但这在草率来很难有可能实现的。

新的领袖

3000万年前，地球上生活着无数大型哺乳动物。巨犀是目前发现的最大的一种。巨犀的外形酷似犀牛，只是没有角，它足足有5只大象那么重。

人类

终于，在大约5亿年前，这些特别的灵长类动物在非洲出现了。这些南方古猿用两只后脚直立行走，以植物和动物为食。它们就是人类的祖先……

多种多样的恐龙

不同种类的恐龙，可能生活在不同的地方、不同的时代。比如下面这些恐龙：

伶盗龙　　似鸡龙　　霸王龙　　腕龙

剑龙　　甲龙　　三角龙　　禽龙

我们在哪里找到了它们的化石？

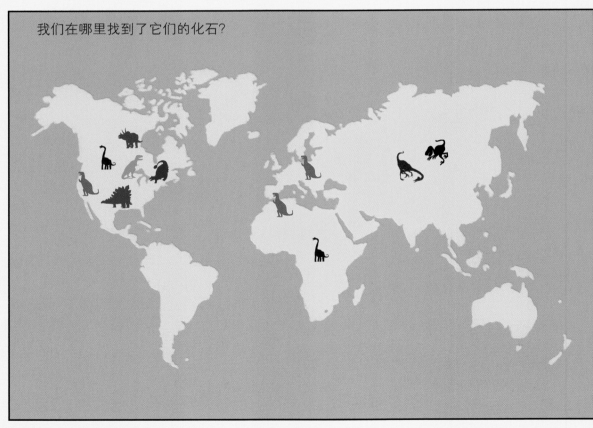

它们生活在什么时代？
中生代

三叠纪	侏罗纪
2.5 亿年	2 亿年前

它们属于那个家族

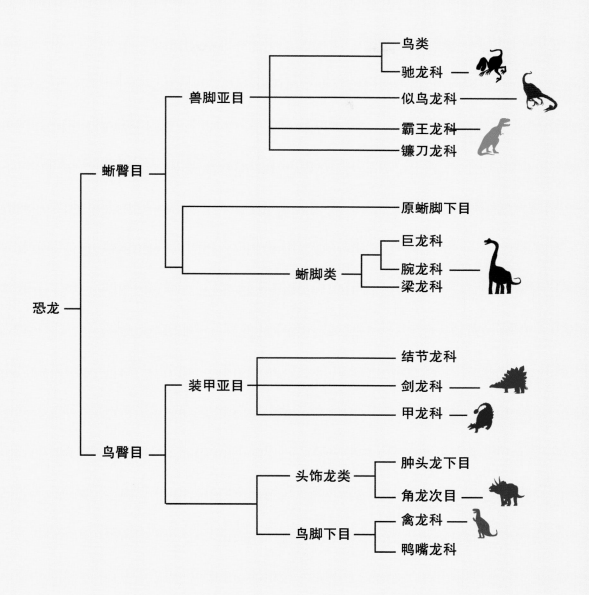

白垩纪

1.45 亿年前   6500 万年前

词汇表

两足动物
可以用两只脚行走的动物。

食肉动物
以肉类为食的动物。（P42–55）

粪化石
史前动物所排放的粪便形成的化石。（P11）

白垩纪
中生代的最后纪，距今 1.45 亿 ~ 6500 万年。（P19）

恐龙
生活在中生代的陆栖爬行动物，四肢长在身体下方。（P13）

化石
存留在岩石中的古生物遗体、遗物和遗迹，最常见的是骨骼与贝壳化石。（P11）

胃石
草食动物胃内的石头，可将坚硬植物研磨分解。（P59）

草食性动物
以植物为食的动物。（P56–69）

侏罗纪
中生代的一个纪，位于三叠纪和白垩纪之间，距今 2 亿 ~ 1.45 亿年。（P19）

哺乳动物
也称兽类，因能通过乳腺分泌乳汁来给幼体哺乳而得名。大象、老鼠和人类都属于哺乳动物。（P77、P83）

学名
以科学的方法给动物、植物起的名字。学名统常由属名和种名两部分构成，用拉丁文书写。例如，我们通常说的霸王龙的学名是 *Tyrannosauus rex*。

杂食性动物
既吃植物性食物也吃动物性食物的动物。（P49）

鸟臀目
一类有喙的草食性恐龙，它们的骨盆结构与鸟类相似。（P17）

古生物学家
专门从事古代生物研究的科学家，他们主要通过化石来研究史前的动物、植物。（P8）

四足动物
所有的两栖类、爬行类、鸟类、哺乳类都有四肢，它们被统称为四足动物。

爬行动物
一类脊椎动物的通称，包括龟、蛇、蜥蜴、鳄及绝灭的恐龙等。

恒温动物、变温动物
体温保持不变的动物称为恒温动物；体温随环境温度的变化而改变的动物称为变温动物。（P41）

蜥臀目
一类盆骨结构类似蜥蜴的恐龙。（P17）

蜥脚类
蜥臀目恐龙中的一类，头很小，颈和尾很长，四肢粗壮，用四足行走，以植物为食。例如梁龙和腕龙。（P61）

中生代
距今 2.5 亿 ~ 6500 万年，恐龙生活在这一时代。（P61）

兽脚亚目
蜥臀目恐龙中的一类，属于肉食性恐龙，两足行走，趾端长有锐利的爪子，如霸王龙、伶盗龙、始盗龙。（P45）

三叠系
中生代的一个纪，位于二叠纪侏罗纪之间，距今 2.5 亿 ~ 2 亿年。（P19）

1 结节龙	2 霸王龙	3 梁 龙
4 镰刀龙	5 迷惑龙	6 艾伯塔龙
7 胄甲龙	8 阿拉善龙	9 蜥结龙
10 北票龙	11 暹罗龙	12 叉 龙

图书在版编目（CIP）数据

古生物：恐龙笨吗？ / （法）菲利浦·纳斯曼著；
(法) 帕特里克·谢诺绘；陈晨译. — 北京：北京日报
出版社，2016.6
　　（睁大眼睛看世界）
　　ISBN 978-7-5477-2058-5

Ⅰ. ①古… Ⅱ. ①菲… ②帕… ③陈… Ⅲ. ①古生
物 – 少儿读物 Ⅳ. ①Q91-49

中国版本图书馆CIP数据核字(2016)第114517号

Les Dinosaures© Mango Jeunesse, Paris–2011
Current Chinese translation rights arranged through
Divas International, Paris(www.divas-books.com)
巴黎迪法国际版权代理
著作权合同登记号 图字：01-2015-1935号

古生物：恐龙笨吗？

出版发行：北京日报出版社
地　　址：北京市东城区东单三条8-16号　东方广场东配楼四层
邮　　编：100005
电　　话：发行部：（010）65255876
　　　　　总编室：（010）65252135
印　　刷：北京缤索印刷有限公司
经　　销：各地新华书店
版　　次：2016年6月第1版
　　　　　2016年6月第1次印刷
开　　本：787毫米×1092毫米　1/16
印　　张：5.5
字　　数：140千字
定　　价：32.80元